Lo que callan los árboles
¡Nuestros Guardianes!

*Maya Rebeca
Benmergui Esayag*

ADVERTENCIA

Queda rigurosamente prohibida la reproducción total o parcial de este libro y su transmisión a través de cualquier medio, ya sea en un formato electrónico, mecánico, fotocopiado, grabado o de otra manera sin el consentimiento por escrito de su autora, Maya Rebeca Benmergui Esayag. Escanear, publicar o subir esta publicación al internet en cualquier formato también es prohibido, ilegal y penalizado por la ley. Todos mis libros están registrados en *Safe Creative* y están protegidos por las leyes internacionales de derecho de autor.

Derechos Reservados.
Copyright © 2019 - Maya Rebeca Benmergui Esayag.

ÍNDICE

Déjenme presentarme

¿Por qué ya no nos siembran?

¡Podemos curarlos!

El "abrazo verde"

¿Por qué nos talan?

¡Y además ayudamos al clima!

¡Todo lo contaminan a su paso!

¿Y cómo nos ve La Torá?

"Shinrin-yoku"

Somos Los Guardianes de "Gaia"

¡Necesitamos que despierten!

Frases

Más sobre la autora

Dedico el presente libro, antes que nada, a Dios quien me dio la vida

*A todos los seres que habitan nuestro planeta
que están más pendientes de los últimos avances tecnológicos
y que se han olvidado de sembrar árboles
Ellos son los pulmones de nuestro planeta y además nos dan sus frutos*
*A todos los niños que son nuestro futuro
para que aprendan a sembrar y a valorar a la naturaleza*

"Si supiera que el mundo se acaba mañana, yo, hoy todavía, plantaría un árbol"
Martin Luther King
"Se puede vivir dos meses sin comida y dos semanas sin agua, pero sólo se puede vivir unos minutos sin aire"
Mahatma Gandhi

¿Por qué me están talando?
¡Soy un árbol! ¡El mundo me necesita!
Proporciono oxígeno al planeta y sin mí
ya no habrá vida en esta estrella...

¿Por qué ya no me siembran?
Doy los frutos que comen y también soy
el hogar de muchos animales
¿Acaso es más importante tu último
teléfono celular inteligente?
¿Por qué te has olvidado de sembrarme?

¡Ya ni me riegas, sino que arrojas tus colillas de cigarro
y no te importa nada!
¿Es que acaso ya no piensas?
¡Todo lo destruyes y contaminas a tu paso!
¡Reacciona!
¡Soy un árbol y soy muy importante!

Déjenme presentarme

¡Hola! Soy un árbol frondoso, de tallo leñoso y puedo llegar a tener un tamaño grande también. Mi nombre científico es Mangífera, pero se me conoce mejor como el árbol de mango o el melocotón de los trópicos. Soy oriundo de La India. Prefiero los climas cálidos ya que no me gusta el frío del invierno.

Mis raíces me fijan al suelo y crecen donde hay agua y minerales los cuales absorben. Suben por mi tronco recto hasta mis hojas las cuales se orientan hacia la luz del sol y gracias a la clorofila presente en ellas (pigmento que les da ese color verdoso) logro atrapar la luz solar. Gracias al sol y al anhídrido carbónico mi savia bruta (mezcla de agua y de sales minerales) se transforma en savia elaborada la cual es mi alimento.

Ahora bien, al igual que todas las plantas con clorofila yo absorbo el dióxido de carbono presente en la atmósfera y expulso el oxígeno a través de mis hojas. Mientras tanto ustedes los seres humanos inhalan el oxígeno que nosotros los árboles producimos y lo expulsan como anhídrido carbónico. En otras palabras, sin nosotros la vida en este planeta se acabaría en un instante.

Me adapto bien a casi todos los suelos siempre que exista suficiente espacio para plantarme. El C02 lo utilizo para formar mi tronco, mis ramas, mis hojas, y la fruta que daré.

Durante la noche yo consumo oxígeno y libero dióxido de carbono mas no hay necesidad de que se preocupen porque no les robamos el aire. ¿Por qué? Yo puede consumir unos 0,1 litros de oxígeno por hora, comparado con los 50 litros por hora que necesitan ustedes los seres humanos: 500 veces más. Si dormir con una planta fuera peligroso, dormir con la pareja, hermano o cualquier compañero de habitación sería letal.

Mis flores son pequeñas de un color rosado amarillo y crecen en forma piramidal en los extremos de mis ramas. Ellas producen un rico néctar que atrae a los insectos y son polinizadas por ellos. Menos del 1% de estas madurarán para formar mi fruta, o sea un mango.

La polinización es el paso del polen de la parte masculina de mi flor a su parte femenina. Así el polen entra en contacto con el óvulo femenino y lo fertiliza. Este deja el estambre en el cual se formó hasta llegar al estigma o a la parte receptiva de mis flores donde germina y fecunda los óvulos de la flor, haciendo posible la producción de semillas y frutos.

Nosotros los árboles de mango somos altamente dependientes de los polinizadores. Mis flores son visitadas y fecundadas por diferentes tipos de avispas, moscas, abejas sin aguijón.

Es importante que sepan que hay hermanos míos (árboles frutales) los cuales pueden producir sus frutos sin que sus óvulos sean fecundados. Estos no dan semillas. De esta forma se producen algunas variedades de naranjas y toronjas. Este procedimiento se lleva a cabo a través de mutaciones genéticas o mediante técnicas de cultivo.

En mi familia algunos de mis primos usan la autofecundación. En otras palabras, una planta puede fertilizarse a sí misma. Es el caso por ejemplo de los de los limoneros, los albaricoques, los melocotones, etc.

A pesar de que juego un rol fundamental en la vida de los seres humanos en estos momentos me encuentro muy pero muy enfermo, pero no de vejez sino de olvido. ¿Se les olvida que me caen parásitos y mis raíces necesitan agua y minerales? ¿Por qué ya ni me toman en cuenta?

En La India me conocen como o "el árbol de los deseos" o "fruta del cielo". Si me cuidaran podría llegar a vivir más de trescientos años. Las antiguas leyendas hindúes dan fe de mi antigüedad y de mi importancia para ellos. Buda se sentaba a meditar bajo la sombra de un árbol de mangos. ¿Curioso no?

Llegué a América gracias a navegantes portugueses. Ya para 1869 habitaba en el valle de Caracas; y también, por aquellos años existía en los valles del Caribe colombiano. He estado en muchos lugares tropicales.

La tentación de comer de mi fruta es irresistible y por ello hay sitios donde estoy presente en las calles y parques. No existe alguien que no se rinda ante mi inigualable aroma, ni quien se atreva a renegar de mi dulce sabor.

Un hermano mío vivía en la casa natal de la autora (Maya) y siempre daba mangos en abundancia. Muchos colibríes lo visitaban y sus mangos tenían marcas de las picadas de pajaritos. Era el rey de ese jardín.

Maya siente nostalgia al acordarse de ese árbol de mango ya que el mismo siempre llenaba de una suave brisa a toda la casa. El aire que se respiraba era especial y nunca comparable con el que hay en los apartamentos cerrados. Ella nunca olvidó los momentos de alegría que aquel árbol le dio.

Con el pasar del tiempo Maya se mudó a varios apartamentos, pero siempre divisaba de lejos a su casa natal y lo único que ella distinguía que permanecía de pie era la mata de mangos. Ya la misma no está porque construyeron un edificio en ese lugar.

¿Por qué ya no nos siembran?

No entiendo por qué no nos siembran ni cuidan cuando no solamente les damos el oxígeno que respiran sino también su alimento. Me entristece ver a los seres humanos tan deshumanizados, que sean tan destructivos. La contaminación del aire es un verdadero problema.

Ya los niños no saben cómo sembrarnos porque no es una materia que aprenden en la escuela. Ellos están más pendientes de ver que pasan por la televisión o de chatear por Facebook.

Al ustedes ignorarnos podríamos desaparecer del planeta. ¿Y cómo harían si tuvieran que empezar desde cero si no saben sembrar? ¿Qué comerían?

Se dice que hay que hacer tres cosas en la vida: escribir un libro, tener un hijo y plantar un árbol. ¿Por qué? porque estos tres actos trascienden después de que dejan el cuerpo. Al sembrar un árbol le devuelven un poco de vida al planeta que Dios les regalo. Un mundo que les fue dado por el Creador y al cual han devastado.

Nuestra desaparición produce pérdidas ambientales incalculables y de difícil o imposible recuperación. Tal parece que ustedes viven ciegos sin percatarse que están cavando su propia tumba.

¡No aprecian a la naturaleza! ¡Todo a su paso lo destruyen! Lo único que parece importarles es acumular bienes materiales. ¿Será que pretenden llevarse sus cuentas bancarias al partir? ¿Qué legado le dejarán al mundo?

Muchos de mis hermanos ya han sido talados y la humanidad está acabando con nosotros que somos los pulmones de este pequeño planeta azul.

El mundo sería muy distinto si ustedes tomasen las medidas adecuadas. ¿Por qué no nos siembran en zonas deforestadas? Hace años existían bosques que hoy son desiertos. Muchas especies de flora y de fauna dependen de nosotros.

Gracias a que estamos presentes en muchas ciudades el aire se mantiene limpio ya que purificamos el dióxido de carbono. Nosotros ayudamos a combatir la contaminación reinante.

Realmente no nos toman en cuenta. Ustedes buscan su beneficio propio, pero no el de todos y eso creo es una grave equivocación.

Si dejáramos de existir se acabaría la vida en La Tierra. Se extinguirían muchas especies de animales que nos usan para formar sus hogares, alimentarse.

Es por ello que les invito a que nos siembren, nos cuiden. ¿Cómo es posible que saben sobre el último modelo de iPhone, pero no tienen idea de cómo plantar un árbol?

En caso tal de que el planeta tuviera que empezar desde cero ¿Cómo harían los sobrevivientes para subsistir sin tener la menor idea de cómo sembrarnos? ¿De qué se alimentarían?

Me siento triste. ¡Ya ni nos toman en cuenta, parecen androides! Es que ni saben cómo me llamo. No tienen idea si soy un manzano o un cerezo. ¡Soy un árbol que da mangos!

No entienden ni para que servimos. Todo lo contaminan a su paso. Los fumadores echan las cenizas en cualquier planta. No tienen ninguna consideración por la naturaleza.

Les pido que cuando llegue la Navidad compren árboles artificiales. Ya no acaben con nuestras vidas para exhibirnos en la sala de sus casas en diciembre.

La gente de la capital nos necesita. El viento sopla nuestras hojas, los pájaros cantan en sus nidos. Proporcionamos el hábitat ideal.

¡Podemos curarlos!

En vez de acudir tanto a las farmacias ustedes deberían conocer todas las propiedades curativas que proporcionamos los árboles. Considero que sería bueno que regresaran a la naturaleza. Además, el entorno natural ayuda a mitigar la ansiedad en la que siempre viven.

Además, los bosques proporcionan medicinas naturales sin efectos secundarios. Andar en bicicleta te conecta con la Madre Naturaleza sin costo alguno. ¿Te das cuenta de lo valiosos que somos?

Todos nosotros poseemos poderes curativos. Somos la mejor de las medicinas. ¿Lo dudan? ¿Por qué no regresan a lo natural? Es preferible la luz del sol a la de los bombillos.

Ya se sabe que cuando ustedes acuden a los bosques obtienen beneficios inmediatos. Uno de estos es el aumento de los linfocitos en la sangre los cuales juegan un papel clave contra las infecciones y procesos cancerosos.

Mi fruta, el mango, es jugosa y apetitosa. Tiene un sabor dulce al madurar y viene en diversos tamaños. La cáscara del fruto es de color verde y cuando madura cambia a amarillo, anaranjado y rojo violeta. Es carnoso, y de un sabor, aroma y textura muy agradables. Casi todas mis partes son medicinales no solamente mi fruto. Mis hojas y flores también lo son.

Los venezolanos usan el té de mango para tratar virus como el *Zika* y el *Chikungunya*.

Mis hojas son buenas para el páncreas y además ayudan a bajar la hipertensión. También bajan el colesterol malo y los triglicéridos. Por otra parte, ayudan a eliminar cálculos renales, resuelven problemas respiratorios, curan quemaduras, limpian y desintoxican el cuerpo.

Mis flores en infusión sirven como tratamiento de infecciones urinarias. También tienen beneficios respiratorios, y digestivo. Además, sirven para combatir la bronquitis.

El mango reduce el riesgo de contraer enfermedades en general por intensificar las funciones inmunológicas. Es antioxidante y anticancerígeno y puede servir como laxante y también es muy nutritivo. Contiene muchas vitaminas y minerales. Es extraordinario para la piel, la vista, el cabello, las mucosas. La vitamina C presente en el mismo ayuda en la absorción de hierro, la formación de glóbulos rojos, colágeno, dientes y huesos. Asimismo, tiene también magnesio y fibra lo cual es excelente para saciar el apetito de las personas con sobrepeso.

Mis semillas tostadas sirven para problemas intestinales. Eliminan parásitos intestinales como lombrices. La resina de mi tallo se utiliza para curar casos de diarrea crónica y sífilis.

No soy el único árbol con propiedades curativas. Mis hermanos también poseen desde tiempos inmemoriales todo lo necesario para curar miles de males.

Las propiedades anticancerígenas de las hojas de guanábana son excelentes. Las dietas alcalinas también son beneficiosas. Muchas de nuestras frutas curan varias enfermedades y en realidad no necesitan de los medicamentos pues todo está en la Madre Tierra… ¿Se dan cuenta de nuestros beneficios?

El "abrazo verde"

Si ustedes nos abrazan pueden mejorar sus niveles de concentración, depresión e incluso también pueden aliviar sus migrañas. En un mundo tan materialista donde hay que pagar por casi todo ustedes pueden mejorar su salud completamente gratis entrando en contacto con la naturaleza.

No olvides dar un paseo por el parque o el bosque de vez en cuando. Póngase en contacto con nosotros más a menudo. Cuando nos abrazas, siempre transmitimos energía positiva. Esto renovará tu vida.

Los beneficios del "abrazo verde" están relacionados con las vibraciones que emitimos. Aunque estas son casi imperceptibles sus organismos las captan, y los ayudan a equilibrarse a nivel biológico. ¿Por cierto, quieren darme un abrazo ahora...?

Todo ser vivo es energía y nosotros también tenemos la nuestra. Somos una fuente de bienestar, sosiego, y serenidad.

Ahora tienen un gran motivo para no permitir que acaben con nosotros ¿No es cierto? Muchos de nosotros somos milenarios y proporcionamos armonía a nuestro entorno. Somos el remedio por excelencia para aliviar sus angustias.

Pueden rezar o meditar al recorrer un bosque y así encontrar las mejores soluciones y respuestas a los problemas que los inquieten. El entrar en contacto con la naturaleza es sumamente inspirador.

Con la llegada de la era tecnológica los seres humanos se han vuelto insensibles a la naturaleza. Es importante que lleven una vida más armoniosa y que tengan más contacto con su entorno.

Hoy en día, las personas interactúan más en línea que en persona, e incluso la comunicación cara a cara ha disminuido. Creen todo lo que los extraños dicen en Internet, a pesar de nunca conocerlos. Se desean feliz cumpleaños con emoticones y ya ni se ven personalmente. Ya no socializan sino a través de las redes sociales.

El internet es bueno siempre y cuando sea usado con mesura y para cosas positivas. Es sano que no estén todo el tiempo usando su celular y que de vez en cuando salgan de sus casas y vean una puesta de sol.

Hoy hemos desaparecido de muchos bosques. La gente debe ser consciente de todo lo que podemos hacer. Sus investigadores al fin han encontrado la importancia de la naturaleza para su bienestar.

Entrar en contacto con su medio ambiente es una fuente de placer inagotable al punto que las personas que aprovechan los paisajes se sienten más vitales que aquellos que permanecen en la ciudad.

No solamente tienen más energía para hacer lo que desean, sino que además se recuperan más rápido de cualquier enfermedad. No hay mejor medicina que la que nos aporta nuestra Madre Tierra.

Sería grandioso que construyeran sus hogares rodeados de nosotros los árboles y que así integraran elementos del medio ambiente a los mismos. Sus casas parecen jaulas de cemento en las que no se puede ni respirar.

¿Se imaginan vivir cerca de un manantial? ¿Rodeados de nosotros? No sé porque se empeñan en enjaularse en esos palomares que construyen.

Es mucho lo que pueden obtener de la Madre Naturaleza si lo piensan. Sus hogares serían más agradables en todo sentido. Estarían ayudando a la contaminación mundial también.

Pueden construir sus universidades, oficinas, centros comerciales rodeados de todo aquello que les provee la naturaleza. Sería bello que integraran en su día a día un toque mágico de la Madre Tierra.

Varios de sus estudios ya han probado que nosotros los árboles mejoramos la concentración, aliviamos la ansiedad y ayudamos a liberarlos de pensamientos negativos. Nuestros poderes terapéuticos sirven para cargarlos con energía positiva y también para curar sus dolencias.

Proporcionamos alimentos tanto para los seres humanos como para la vida silvestre. Ayudamos a combatir el cambio climático.

Asimismo, servimos como aislante de ruidos disminuyendo la contaminación sonora de las ciudades.

¿Por qué nos talan?

Nosotros los árboles somos seres vivos majestuosos, maravillosos, pacíficos, dignos de no ser maltratados por el hombre. Con nosotros ocurre una especie de genocidio arbóreo. Nadie evita que esto ocurra. Los seres humanos no tienen el menor respeto por su entorno.

Si cada uno de ustedes plantara al menos a uno de nosotros la vida de este planeta y la de sus habitantes mejoraría notablemente. Sería una forma de que ustedes pudieran agradecer a la tierra por todo los que les da. Recuerden que este planeta es del Creador y es vuestro deber velar por el mismo.

La deforestación es un problema que afecta al planeta entero y la misma es inducida por la acción devastadora de los seres humanos que acaban con gran parte de la superficie forestal sin pensar en las consecuencias.

La tala arrasa con nuestros bosques y causa un daño irreparable al medio ambiente, a los ecosistemas, a la calidad del suelo, ya que trae como consecuencia la erosión del mismo. Mientras mayor sea la poda y menor sea la reforestación los daños serán mayores.

Están acabando con nosotros sin piedad alguna. Definitivamente no toman en cuenta para nada el rol tan importante que tenemos en mantener un equilibrio ecológico.

Justifican la destrucción indiscriminada de nosotros los árboles a diversas razones. Por ejemplo, a la necesidad de los agricultores de poseer mayor cantidad de terrenos para poder cultivar más. También porque desean desarrollar actividades ganaderas y mineras. No escatiman en quemarnos en grandes cantidades con tal de ganar espacio sin percatarse del daño que producen. ¡Busquen otras soluciones! ¡Están acabando con el planeta! ¡Paren esta locura!

Ahora realmente lo ideal sería que a futuro ustedes utilizaran la energía solar para que así dependieran menos de otras fuentes de energía. Deberían de copiarse de nosotros los árboles que aprovechamos la luz solar para nuestro crecimiento y por lo tanto la usamos para nuestro propio beneficio.

Sus científicos ya han volteado a ver el mundo natural para aprender de sus eficientes métodos de ahorro y uso de energía. La energía solar es inagotable y no sólo respeta al medio ambiente, sino que además ayuda a combatir el cambio climático. Por otra parte, no contamina acústicamente ya que las placas solares son silenciosas. Los paneles solares transforman los rayos del sol en energía térmica o eléctrica.

Al podarnos acaban con nuestras vidas sin contar que nos toma mucho tiempo crecer. Conjuntamente, se pierden innumerables hábitats en el mundo, que afectan a las especies de animales y plantas que se encuentran en ellas.

La tala y la quema convierte a los bosques en un criadero de mosquitos. Por ejemplo, cuando ustedes nos queman en la cuenca del Amazonas permiten prosperar a los mosquitos y entonces se propaga la malaria. Ello además altera considerablemente el clima de la región. ¡Por favor deténganse ya! ¡Sus acciones tienen consecuencias!

Sabemos que sin nuestra presencia no existiría el mundo. No obstante, en sus ciudades casi no existen lugares para nosotros, e incluso nos podan cuando ya estamos viejos. Esto es un error muy grave. No se dejen llevar por el consumismo reinante que les hace pensar que todo ha de ser nuevo y que lo viejo no sirve, porque es mentira. Y si necesitan algún espacio, pueden reacomodarnos en otro lugar.

Muchos ya hemos desaparecido del paisaje de las ciudades, nos quitan argumentando que estamos enfermos o viejos y que ya no servimos tanto como cuando estábamos recién plantados.

Cuando haya una situación en la que uno de nosotros dañe sus construcciones, no deben optar por la salida más rápida o aparentemente más fácil que es la de sacarnos del medio. En lugar de eso es preferible que nos muden a un lugar en donde podamos crecer, dar sombra y purificar el aire, además de resguardar la vida de aves, insectos, plantas y demás seres vivos.

Hay empresas gubernamentales dedicadas a ayudarles con este tipo de situaciones, así que no hay pretexto, rescátennos y de una vez ya frenen la deforestación. Somos uno de sus recursos más preciados, y debemos ser cuidados y protegidos. ¡Ya cesen de contaminar! Sin nosotros no hay vida en esta estrella.

¡Y además ayudamos al clima!

Nosotros no solamente proporcionamos el oxígeno que respiran, sino que colaboramos con el cambio climático absorbiendo el dióxido de carbono. Además, limpiamos el aire de gases contaminantes (como por ejemplo el amoníaco) filtramos las partículas contaminantes del mismo.

La deforestación de los bosques es causa y resultado del cambio climático. Los bosques absorben CO2, pero, cuando se deterioran o destruyen se convierten en una "fuente" liberando el anhídrido carbónico a la atmósfera. Nuestra tala es la causa de muchos desastres naturales, como las inundaciones y las sequías.

Nosotros los árboles absorbemos el dióxido de carbono de la atmósfera y lo "almacenamos" en forma de madera y vegetación. Este proceso se denomina "fijación del carbono". Por consiguiente, cooperamos en combatir el cambio climático mientras que los llamados combustibles fósiles, como el petróleo, lo que hacen es contaminar.

Hoy en día la preocupación por el cuidado del medio ambiente es cada vez mayor pues se están dando cuenta que la capacidad de regeneración de la Tierra es cada vez más lenta, debido a gran cantidad de contaminantes que se encuentran en ella. Hasta existe un día mundial del ambiente que se conmemora cada 5 de junio, aunque este lo deberían celebrar todos los días del año.

Es importante que tengan presente que podemos afectar favorablemente el clima. La temperatura alrededor de las zonas arboladas es inferior a aquellas donde no la hay. Una misma calle puede tener temperaturas muy altas sin nuestra presencia. No obstante, si en esa misma vía ustedes la llenaran de vegetación la temperatura se regularizaría. Esta realmente ayuda a mitigar el clima en las calles.

¿Les ha pasado que, durante el día, cuando el sol está en su máximo esplendor, el calor es insoportable y sienten cómo los rayos ultravioletas caen sobre sus cabezas? Ahora imagínense esa misma escena, pero esta vez rodeados de nuestros hermanos los samanes, las palmas, los bambús, etc… ¿Se dan cuenta como el clima cambia y se torna más bien fresco?

¿Saben por qué la vegetación contribuye a la calidad ambiental? Debido a que la sombra que dan nuestras hojas reduce la temperatura de las paredes de concreto que ustedes construyen, así como también la de los pavimentos de sus carreteras.

Si en la metrópoli existieran más de nosotros lo más seguro es que no existiera tanta tala indiscriminada. Es momento de cambiar y no continuar con la práctica insana de la poda ambiental que indiscutiblemente afecta al medio ambiente.

Los árboles ayudamos a mejorar la temperatura del aire en los ambientes urbanos mediante el control de la radiación solar. Modificamos el clima urbano dando estabilidad a la temperatura subiendo los niveles de humedad al enfriar el aire alrededor.

En épocas de verano, la temperatura del asfalto baja considerablemente bajo la sombra de nosotros los árboles. Gracias a que nuestras hojas tapan el paso del sol se logra por ejemplo que se enfríe por decirles algo el pavimento.

Si se reforestaran zonas verdes pavimentadas y nos plantaran en las mismas esto estimularía un cambio muy propicio en lo ambiental, estético y confortable del espacio urbano.

La vegetación en el entorno urbano hace que la vida sea más placentera. Aparte de que aportan un elemento ornamental también los salvaguardan de la contaminación. Somos los pulmones urbanos.

Las áreas llenas de vegetación filtran la contaminación, atrapan micro partículas de polvo, hollín y limpian el aire de productos químicos. Además, nosotros los árboles les resguardamos contra los rayos ultravioleta y el calentamiento global.

La lucha contra el cambio climático requiere reforestación. En el futuro, los seres humanos deberían ser capaces de controlar su atmósfera y así prevenir desastres naturales.

¡Todo lo contaminan a su paso!

Hoy en día viven entre tanta contaminación que muchos de ustedes ya ni saben lo que es respirar aire puro a causa del "smog" que flota en el ambiente. El mismo proviene de la contaminación ambiental y es como una niebla enrarecida mezclada con contaminantes. Por lo general se consigue en ciudades o zonas de gran actividad industrial.

A la par ustedes no tienen ni la menor idea de cómo deshacerse de la basura que consumen. Hay incontables ríos cubiertos de plásticos y desechos. La contaminación que sufren las aguas son tan desastrosas que los elementos tóxicos han llegado hasta las capas más profundas.

Igualmente, contaminan con petróleo los océanos cuando ocurren los derrames de petróleo debido a accidentes, errores humanos y desastres naturales. Estos son increíblemente nocivos para el medio ambiente y la vida en general, ya que no existen medios naturales para poder limpiar esta sustancia. Los mismos causan un gran daño a los peces, aves y al medio ambiente. Impregnan los sedimentos de las playas y causan su cierre ya que son una amenaza para la salud pública.

Los desechos que se depositan en las aguas contienen elementos que son letales para las plantas acuáticas y algas. Cada planta que muere se deposita en el fondo dónde al descomponerse genera metano, que contribuye a envenenar más las aguas y a romper el equilibrio de los ecosistemas.

Por otra parte, en muchos lugares del mundo hay deforestación indiscriminada y hasta agresiva. Inclusive en el Amazonas, el cual se considera el "pulmón del planeta".

Allí donde habitamos nosotros los árboles, los seres humanos únicamente ven la posibilidad de talarnos y de vender nuestra madera. Luego utilizan nuestras tierras para cultivos. No se detienen ni por un momento a pensar que más bien tendrían que preservarnos ya que cada vez hay más habitantes en el planeta y por lo tanto la necesidad de oxigenación es mayor. ¡Sin nosotros se quedan sin poder respirar y sin su nave espacial "La Tierra"!

Por cierto, que con el afán que tienen de tener el mejor celular, la última Tablet o el computador más veloz, producen una gran cantidad de basura electrónica que es muy difícil de reciclar o destruir y que genera un alto nivel de contaminación ambiental.

Los países desarrollados han tenido la "genial idea" de vender esos desechos a países emergentes ávidos de trabajar en lo que sea y de esa forma ciudades en China, en Nigeria y en otros lados se han convertido en verdaderos basurales electrónicos.

Las guerras no solamente son enfrentamientos inútiles entre ustedes mismos, sino que además destruyen el medio ambiente del lugar donde ocurren. Una vez que los conflictos armados acaban, la paz viene acompañada de aguas tóxicas, bombas sin explotar, tierras de cultivo envenenadas y destruidas y cientos de secuelas más.

Son sus propias acciones las que más dañan a los bosques y a pesar de que esto es de conocimiento público son muy pocas las personas que deciden hacer algo para solventar esta situación.

También existe la contaminación de los bosques a través del ruido. Esto ocurre cuando por ejemplo ustedes instalan carreteras o fábricas al lado de éstos destruyendo así las condiciones acústicas en las que conviven las diferentes especies que habitan en los mismos.

Nos sigue asombrando que aún existan personas que puedan arrojar desperdicios o quemar basuras en la Madre Tierra como si fuera algo de lo más normal.

Además, también están aquellos que arrojan sus colillas de cigarros en las macetas de plantas. ¿Por qué todo lo ensucian? ¿Es que no desean vivir en un planeta limpio?

Cada vez que ocurre uno de sus ensayos nucleares en el mar afectan a todo el planeta llenándolo de radiaciones y acabando con la vida de los peces. ¿Por qué ya no razonan?

Siempre se ha considerado que nosotros los árboles somos los pulmones que mantenemos la civilización, pero parece que esta realidad sólo se queda en la teoría ya que los seres humanos no hacen nada por resguardarnos.

¿Y cómo nos ve La Torá?

Nosotros los árboles somos tan importantes en el pensamiento judío que la Torá misma es llamada *"el árbol de la vida"*. A los seres humanos se les prohíbe que interfieran sobre los procesos naturales que hacen posible la vida sobre la Tierra. Ustedes pueden gobernar la naturaleza, pero jamás devastarla. Tienen la responsabilidad de velar porque se mantenga el equilibrio natural.

Los preceptos bíblicos les inculcan que deben valorar a la Madre Naturaleza. Les enseñan que observando y comprendiendo al medio ambiente podrán conocerse mejor a ustedes mismos.

En el séptimo día, "Shabat" (día de descanso) los hebreos deben cesar cualquier labor que tenga que ver con la naturaleza. Con este acto demuestran la fe de que la tierra le pertenece al Creador. Y esto es cierto. El mundo no les pertenece a ustedes sino a Dios y por lo tanto deben preservarlo.

Además, existe una festividad en el calendario hebreo llamada *"Tu Bishvat"* o *"Año Nuevo de los Árboles"* que tiene lugar cada 15 de *"Shevat"*, donde en el judaísmo se celebra el vínculo inquebrantable que tienen con la Madre Tierra.

Durante esta fiesta le agradecen a la naturaleza por todos los recursos que, desde tiempos prehistóricos, les ha ofrecido para subsistir, producir y crear. Se acostumbra por ejemplo a comer los frutos que crecen en la tierra de Israel.

Cada año, dicha celebración les recuerda la vital importancia de siempre estar en contacto con su entorno natural, de valorarlo, respetarlo, cuidarlo y de recordar esa simbiosis entre ustedes y La Madre Naturaleza.

Hace miles de años ustedes convivían y aprendían de su entorno natural todo lo que podían: sus ciclos, sus estaciones, sus comportamientos; y aunque no tenían la comprensión que hoy tienen, entendían que había un equilibrio natural, por ello lo valoraban tanto, lo respetaban, lo cuidaban e incluso lo reverenciaban. Hoy en día se han olvidado por completo de la importancia de la naturaleza. Viven una era tecnológica que los ha aislado de la misma.

En la Biblia se compara al ser humano con la naturaleza misma. "Porque el ser humano es un árbol del campo" (*Deut. 10:19*). Esta comparación bíblica proviene de que tanto ustedes como nosotros los árboles necesitamos de los siguientes elementos para sobrevivir: tierra, agua, aire y fuego.

Nosotros tenemos que estar plantados firmemente en la tierra. La misma nos provee de un lugar para que crezcan nuestras raíces. De igual manera ustedes los seres humanos necesitan de quien los sostenga.

Pueden llenarse de lujos, pero si carecen de raíces (si no tienen buenas relaciones familiares o no tienen valores morales) entonces pueden ser arrancados fácilmente por cualquier viento fuerte.

Nosotros los árboles absorbemos el agua de lluvia por el suelo la cual sube por nuestro tronco, ramas y hojas. Sin agua, nos secaríamos y moriríamos. De igual forma ustedes sin este vital líquido se deshidratarían y agonizarían.

Además, requerimos del aire para sobrevivir, ya que éste contiene el oxígeno que necesitamos para respirar y el dióxido de carbono que usamos para realizar la fotosíntesis. En una atmósfera desbalanceada simplemente moriríamos. De igual forma ustedes sin oxígeno no subsistirían.

Igualmente nosotros necesitamos de luz solar para sobrevivir. Al absorber la energía solar se activa el proceso de fotosíntesis la cual es esencial para nuestro crecimiento y salud.

Asimismo, el ser humano necesita de calidez. Esta tiene que ver con el cariño y el afecto que muestran hacia los demás. Ustedes se nutren de sus amigos, familiares, vecinos. Los hace ser amables, cariñosos, cordiales y comprensivos y por lo tanto sus relaciones con los demás serán genuinas.

Esta amabilidad no sólo se cultiva en la relación que tengan con las personas de su entorno, sino que también guarda relación con el trato de otro tipo de relaciones, como las que entablan para hacer negocios o cuando prestan un servicio. La calidez es sinónimo de cordialidad, afectuosidad y se le puede comparar con la luz solar que nosotros los árboles recibimos del sol.

Educar a un niño es el equivalente a sembrar una semilla. Si se hace un pequeño corte en una semilla antes de ser plantada ésta podría no crecer.

De acuerdo a La Torá cuando Dios creó al mundo, su primera acción fue plantarnos a nosotros los árboles, *'y Dios plantó un jardín [de árboles] en el Edén'* (*Génesis 2:8*). Plantarnos no da frutos inmediatos sino a largo plazo. Esto tiene que ver con pensar y prepararnos para el futuro, y no sólo enfocarnos en nuestras necesidades a corto plazo.

La sabiduría judía los ayuda a pensar sobre cómo usar los recursos naturales y de cómo vivir de una forma más sustentable. Deben evitar el desperdicio innecesario. Es importante que usen las riquezas naturales de forma responsable.

En el mundo altamente estresante y conflictivo de hoy, estas enseñanzas son particularmente relevantes. Contribuirán así al bienestar del mundo. Entonces se cumplirán las palabras de los Salmos que alegan que los cielos y la tierra se regocijarán cuando esto suceda.

Deben cesar con la destrucción de la naturaleza. El mundo está plagado de guerras. No obstante, es interesante señalar que la Torá les enseña que no deben cortarnos a nosotros los árboles frutales aun en tiempos de guerra. La paz y la creación prevalecerán en un mundo ideal.

Hoy en día el mundo está cada vez más contaminado. Sería conveniente que pudieran reducir la tala excesiva. ¿Cómo? Empezando por pequeñas cosas como por ejemplo usar productos al por mayor para así no usar tantos embalajes. Recibir sus cuentas por vía electrónica. Utilizar bolsas de tela en lugar de las de papel o plástico.

Sería prudente que fueran más conscientes de los valiosos recursos que El Creador les ha dado. De este modo podrían cuidar mejor el planeta que Dios les dio. ¡Ya parecen una selva de cemento!

Israel fue una vez un desierto. Actualmente, el desierto del sur de *Negev* tiene un bosque llamado *Yatir* que cubre más de la mitad de Israel. Estas acciones detienen el avance del desierto y los pueblos florecen alrededor.

Atraídas por la vegetación las nubes descargan sus aguas sobre regiones en las que antes no llovía. Germinan nuestros frutos. Nace así la agricultura del desierto.

"Shinrin-yoku"

Seguro que están al tanto de los últimos modelos de carros, de los últimos modelos de celulares, de las computadoras más costosas, de los mejores televisores, pero no tienen la menor idea de que significa esta palabra. ¿No es cierto?

El "Shinrin-yoku" es una terapia ancestral basada en la religión budista y afrocubana, y que podría traducirse como "baño de bosque".

Existen estos "baños forestales" en Japón desde 1982 y consisten en tomar largos paseos por el bosque. Es algo similar a la aromaterapia, pero con mayores beneficios.

Es una forma de que ustedes se acerquen más a nosotros, sus viejos amigos los árboles, y que formen parte de la naturaleza. De esta forma pueden así dejar a un lado sus preocupaciones, los noticieros de televisión, las películas de terror, las comunicaciones incesantes por sus celulares, las *selfies* o autofotos, los video juegos bélicos y la dependencia a las redes sociales ¡Por favor dense un respiro!

Un baño forestal es ideal para que puedan relajarse y deleitarse de todo lo que les ofrece la Madre Tierra. Hoy en día es uno de los mejores métodos para combatir el estrés.

Simplemente entren en contacto con la atmósfera diáfana de las arboledas y déjense llevar por sus sentidos. Escuchen, huelen y degusten, toquen, contemplen y disfruten todo en silencio y con una actitud calmada y meditativa.

Los olores de los bosques, los sonidos y la luz del sol tienen un efecto curativo que se ha comprobado científicamente. Cuando caminan entre nosotros pueden llegar a sentir nuestra energía.

Los aceites esenciales emitidos por nuestra madera actúan sobre su sistema inmunológico. Estos actúan como fungicidas naturales, son antimicrobianos, y también pueden utilizarse como aceites esenciales en la aromaterapia.

Gran parte de nuestra virtud sanadora radica en que se apartan de hábitats y hábitos nocivos. Hoy en día hay muchos entornos ruidosos y es sano que se alejen por momentos de éstos y se dediquen más a oír las sinfonías de las aves o a observar el colorido de las flores que parecen pintadas a mano o simplemente que contemplen un bello atardecer.

Es aconsejable que respiren aire fresco y que se alejen por un tiempo de tanta contaminación. Que se regocijen de esos hermosos paisajes naturales creados por nuestro Padre celestial. Fíjense por ejemplo como el cielo rosa de un atardecer parece pintado a mano por nuestro Creador. ¡El aroma de las flores! ¡El hermoso plumaje de las aves! ¡El aire fresco lejos del aire acondicionado de sus oficinas! Pueden experimentar momentos maravillosos con Dios cada vez que están cerca de su creación.

¡Apaguen por un momento la luz eléctrica de sus lámparas y vayan a tomar sol! No entiendo porque no usan la luz solar como energía para alumbrar sus casas. No obstante, les sobra el tiempo y la plata para construir las armas más bélicas. Sus prioridades realmente dejan mucho que desear.

Los entornos artificiales son muchas veces causantes de sus enfermedades y el retorno a la naturaleza puede ser suficiente para regresarles la salud física, mental y espiritual. Lo que es artificial nunca podrá sustituir a lo natural de la misma forma que una sopa hecha con cubitos no es igual que una crema de verduras casera.

Los árboles nos sentimos muy tristes de tanta ignorancia en la que se encuentran inmersos ya que la tecnología no puede reemplazar jamás lo que nosotros significamos para el mundo.

Todos saben cómo usar un celular, pero no tienen idea de cómo sembrarnos, cuidarnos. ¿Se dan cuenta cómo viven en un mundo tecnológico apartados de todo?

Además, se dedican a fabricar miles de medicamentos todos muy costosos cuando muchos males los podrían curar acercándose a la Madre Tierra. Nosotros, los árboles, proporcionamos muchos remedios naturales que son obviados por los seres humanos.

Hoy en día viven exclusivamente para trabajar en lo que les dé más dinero sin saber a ciencia cierta si es una profesión que les agrada.

Somos Los Guardianes de "Gaia"

Nosotros los árboles somos los guardianes de la Tierra o *"Gaia"* en muchos aspectos la vida del planeta está en nuestras manos. La destrucción de los bosques en todo el mundo pone en peligro la vida de este diminuto pero importante planeta azul.

"Gaia" es una estrella significativa porque pertenece al cosmos y todo lo que ocurre en la misma afecta a la galaxia. ¿Por qué son tan destructivos? ¿Por qué quieren cada vez ser los más poderosos? ¡Una guerra nuclear no sólo los desintegraría, sino que contaminaría al universo también! La humanidad tristemente ha perdido la brújula. ¡Ustedes prefieren aprender a fabricar armas en vez de sembrarnos!

Desde tiempos inmemoriales, desde el origen de vuestro planeta nosotros los árboles hemos venido poblando al mundo y hay quienes nos consideran como seres y deidades espirituales.

Se dice que, así como Dios asigna ángeles guardianes para cuidar a las personas asimismo ha designado ángeles para cuidar de nosotros los árboles. A estos se les conoce como *"Devas"*.

"Deva" significa celestial, divino, que también es uno de los nombres de una deidad en el hinduismo. Son algo así como seres angélicos que viven en la naturaleza.

Se piensa que los *"Devas"* o "espíritus de la tierra" pueden colaborar con la evolución planetaria. Se cree que éstos transforman la energía del sol y del universo en energía vital la cual adaptan a la vida en la Tierra. Existe la creencia mística de que los *"Devas"* habitan en un mundo etéreo el cual corre paralelamente al nuestro.

Debido a que ya la humanidad está tan deshumanizada es muy importante que el ser humano no se olvide de sembrarnos en el planeta ya que para decirlo en otras palabras somos sus protectores.

Hay quienes nos consideran espíritus mágicos, sublimes y a la vez poderosos. Nuestra energía es transformadora. Les hacemos un llamado urgente a que no nos dejen de sembrar y cuidar. Deben prestar atención a lo interconectada que está la naturaleza y darse cuenta de cómo nos necesitamos mutuamente. Somos los centinelas de este bello planeta azul.

Existe la creencia mística de que si ustedes desean conectar con otros mundos... (elemental, galáctico, etc.) deben anclarnos a *"Gaia"* y de esta forma podrían hasta abrir portales que se activarían y transformarían a la Tierra.

Hay quienes opinan que nosotros los árboles somos espíritus elevados que venimos de otros mundos desde que se inició la vida en este planeta.

Que llegamos en calidad de guardianes salvaguardando al planeta y a sus habitantes.

En la antigüedad, éramos gigantes que creamos vastos bosques llenos de vida y misterio.

Cuando ustedes salen a un bosque sienten sosiego, silencio mental e incluso muchas veces encuentran soluciones a problemas que los agobian. Las vibraciones que emitimos benefician al ser humano de formas que ni se imaginan.

Tenemos que respetar su libre albedrío, pero por favor ya no nos talen más. Sin nosotros se acaba la vida en este mundo. Ustedes mismos son responsables de hacernos desaparecer.

¡Necesitamos que despierten!

Nos parece muy triste que caminéis por la vida como zombis. Por lo tanto, ya no saben tomar sus propias decisiones. La mayor parte del tiempo, se enfocan en las cosas materiales. La tecnología domina su parte espiritual.

Viven en un mundo muy superficial en donde sólo les importa tener un estilo de vida y lucir bien por fuera. Ya no les interesa su mundo interior pues sólo viven para aparentar. Están excesivamente preocupados por su aspecto externo. Su motivación primordial se ha convertido en tener muchas posesiones materiales. Tienen un concepto erróneo de lo que es la belleza ya que esta viene del espíritu y no de sus medidas corporales.

Pasan su tiempo haciendo que su vida "luzca bien" para así ser aceptados en una sociedad frívola carente de valores. Ustedes no valen por el dinero que tienen sino por como tratan a los demás y al entorno que les rodea.

Ese mundo tan frívolo es una de las razones por las cuales se han alejado de la naturaleza. Si visitan un bosque no se pueden despegar de sus celulares. Ya no son capaces de percibir y sentir solamente con sus sentidos.

Deben darles un uso correcto a las redes sociales. Todo lo que se hace en exceso es malo. La era tecnológica no es que sea mala, pero si los está afectando.

Ya no salen como antes y permanecen encerrados por horas navegando por internet. Ni siquiera se toman la molestia de invitar a sus amigos a tomar un café pues para eso tienen Facebook. Ahora ni sociabilizan, sino que se mandan mensajes y fotos o videos por WhatsApp.

Ustedes están muy alejados de la naturaleza. Los avances tecnológicos los apartan cada vez más de su entorno natural y ya hasta han creado una dependencia al internet.

Cuando ustedes pasean por los bosques se renuevan por dentro y por fuera. La naturaleza es la mejor terapia que existe también para los niños en vista de que los vuelve más creativos y saludables.

Nosotros los árboles somos la solución para combatir los problemas ambientales y lograr un equilibrio ecológico en el planeta. ¡Por favor despierten! No se olviden de sembrarnos pues somos parte de su futuro.

Algunos problemas ambientales tales como el calentamiento global, la contaminación del aire, los incendios forestales, están terminando con el oxígeno de esta hermosa estrella.

"Gaia" nos necesita urgentemente para conseguir oxígeno. Somos los pulmones del planeta. Además, ayudamos a reducir también la contaminación sonora. Somos los encargados de regular el clima. Hacemos todas estas cosas, pero ustedes parece que no se dan cuenta.

Es cierto que no saben cómo sembrarnos más si son expertos en manejar redes sociales. Creemos que la raza humana ha perdido la sensatez.

Para que una persona pueda respirar durante todo un día se necesitan 22 de nosotros. La deforestación perjudica a todos y pone en peligro la existencia de la vida en La Tierra. Si ustedes no despiertan y hacen algo pronto *"Gaia"* se quedará sin aire y morirá.

Con la llegada de la Revolución Industrial ustedes ya no dependen de la agricultura ni de la artesanía sino de las industrias. Debido a esto han ido contaminando cada vez más el aire del planeta.

✦ ✦ ✦

Frases

"Lo que estamos haciendo a los bosques del mundo es un espejo de lo que nos hacemos a nosotros mismos y a los otros" *Mahatma Gandhi*

"Produce una inmensa tristeza pensar que la naturaleza habla mientras el género humano no la escucha" *Víctor Hugo*

"Cualquier tonto puede contar las semillas que ve en una manzana. Sólo Dios puede contar todas las manzanas que saldrán de una semilla" *Robert H. Schuller*

"Mira profundamente en la naturaleza y entonces comprenderás todo mejor" *Einstein*

"Elige solo una maestra; la naturaleza" *Rembrandt*

"En todas las cosas de la naturaleza hay algo de lo maravilloso" *Aristóteles*

"Cada flor es un alma que florece en la naturaleza" *Gerard de Nerval*

"Puedo encontrar a Dios en la naturaleza, en los animales, en las aves y en el medio ambiente" *Pat Buckley*

"En el bosque no hay wifi, pero te aseguro que ahí encontrarás una mejor conexión" *Frase anónima*

Más sobre la autora

Soy Licenciada en Idiomas Modernos. Como escritora siento la necesidad de escribir sobre temas que ayuden a la humanidad. Veo con preocupación cómo ya al ser humano ni le interesa sembrar árboles, sino que está pendiente del último modelo de celular. Sin árboles no existiría la vida en esta estrella.

Espero que el mensaje del presente libro te haya enseñado algo. Si es así me sentiría completamente satisfecha. Gracias por el tiempo que has dedicado en leer mi libro. Si te gustó te estaría muy agradecida si me dejas tus comentarios. Ello me ayudará a seguir escribiendo libros relacionados con este tema. Tu apoyo es muy importante para mí.

¡Gracias por tu apoyo!

www.ingramcontent.com/pod-product-compliance
Lightning Source LLC
Chambersburg PA
CBHW040336220526
45473CB00009B/2704